Pleiten *Pech* und Pannen

Das *sechste* etwas andere Landtechnik-Bilderbuch

Herausgegeben von **profi**
MAGAZIN FÜR PROFESSIONELE AGRARTECHNIK

Lieber

schadenfroher Leser!

Der Boom ist ungebrochen – nicht nur diese kleinen Büchlein erfreuen sich großer Beliebtheit, in der Redaktion unserer Landtechnik-Zeitschrift profi erhalten wir nach wie vor auch viele Einsendungen zum Thema „Pleiten, Pech und Pannen“. Also gibt es hier den sechsten Band unser kleinen Reihe zum Thema „Pech gehabt“.

Glück hatten die Einsender und vor allem die Verursacher der mehr als 90 in diesem Büchlein gezeigten Praxis-Fälle natürlich auch, manches Mal sogar ganz gehörig. Denn bei den hier ausgewählten Geschehnissen ist niemandem ernsthaft etwas passiert.

So können Sie sich wieder ungehemmt Ihrer kopfschüttelnden Schadenfreude hingeben und sich damit beruhigen, dass nicht nur Ihnen manchmal etwas daneben geht: Andere trifft es auch!

Wir wünschen Ihnen viel Spaß beim Lesen und Staunen. Und wenn Sie etwas lernen wollen: Bitte nicht nachmachen!

Impressum
Redaktion: profi – Magazin für professionelle Agrartechnik. **Verantwortlich:** Manfred Neunaber, 48084 Münster. **E-Mail:** redaktion@profi.de
Technische Produktion und Layout: Klaus-Dieter Esser, Linda Gesing, Barbara Zehrer. **Geschäftsführer:** Hermann Bimberg (Sprecher), Werner Gehring, Malte Schwerdtfeger. **Publisher:** Reinhard Geissel.
Druck: Griebsch & Rochol Druck, Hamm
ISBN: 978-3-7843-5524-5

Eingeknickt

„Ein wenig ausbiegen, und das Fass läuft wieder", schreibt Reiner Richter recht optimistisch zu seinem Foto vom implodierten Güllefass auf der Facebook-Seite von profi.

Weiter Bogen

Beim Mulchen einer Wiese wurde die Brücke verfehlt, und die Fahrt endete im Graben. „Niemandem ist etwas passiert, lediglich ein Smartphone landete im Wasser“, schreibt Jörg Holland-Moritz zu seinem Foto.

Enger Bogen

Normalerweise gehen wir bei
unseren Praxistests nur
bis an die Grenze der Belastung.
Hier haben wir es übertrieben
und so schnell den Pfad
der aufrechten Arbeit verlassen.

Versenkt

„Sauber“ versenkt, danke an Lars Eckhof für das Bild mit dem Schlepper in der Erde.

„Abgesoffen“, danke an Kryeziu Ari für das Bild mit dem Schlepper im Wasser.

Heller Rauch

So manchem Mähdrescher reichten die Temperaturen während der Ernteperiode anscheinend nicht, sie sorgten für zusätzliche Hitze. Wir hoffen, dass Sie (und Ihre Versicherung) von solchen Ereignissen verschont geblieben sind.

Dunkler Rauch

Der vorzeitige und feurige Ruhestand ereilte diesen Mähdrescher – danke für das Foto an Tobias Winning.

Reingefahren

„Etwas" zu nass war es an dieser Stelle – das Foto schickte Jarek Milewski.

„An Tagen wie diesen..."
Jochen Linder hat uns das Bild zukommen lassen.

Hochgegangen

Dieses Foto hat ein profi-Leser in seiner Nachbarschaft aufgenommen: Beim Abkippen wollte der Mist nicht vom Anhänger rutschen. Nach Entleerung der Mulde mit einem Frontlader stand der unbeschädigte Schlepper wieder auf allen vier Rädern.

Runtergekommen

So war das nicht geplant mit dem Rundballen im Frontlader. Danke an Ivan Vladisavljević.

Freier Auslauf

„Beim Rückwärtsziehen des Anhängers kippte dieser um, und das Wasser ergoss sich über das gesamte Feld. Fazit: Niemals den Anhänger ohne angekoppelten Schlepper rückwärts ziehen!"
So schrieb uns profi-Leser Karl-Heinz Barta zu seinem Foto.

Freie Abstützung

„Nachdem der Lkw einem Pkw ausweichen musste, landete er etwas zu weit im Straßengraben und drohte umzukippen. Wir haben die Schieflage mit unserem Frontlader stabilisiert und den Lkw mit einem zweiten Schlepper aus seiner misslichen Lage befreit", schreibt Christian Denis aus 9902 Fünfbrunnen in Luxemburg.

Straßenlage

Mit einer Fuhre Mais wurden hier gleich zwei Verkehrswege stillgelegt: Straße und Wasserweg waren für eine Weile außer Funktion. „Zu schnell in die Kurve…“, erklärte Einsender Willy Stille die Ursache für den doppelten „Erfolg“.

Das Foto vom Claas Xerion Saddle-trac mit Gülleauflieger in Seitenlage kursierte bei WhatsApp.

Vorne rein

Astrein versenkt hat es diesen Feldhäcksler bei der Maisernte, der Dank für das Foto geht an Jan Toftel.

Hinten rein

Bei der Arbeit mit der Fräse ist dieses Gespann im Moor versunken, Einsender ist Florian Steger.

Stangenfund

Ob man den Fund nun Gehörnstange oder Abwurfstange nennt, darüber sind sich die Jäger nicht einig. Dass der Fund ein Loch im Reifen verursachte, ist aber unstrittig.
Das Foto stammt von Steven Lorenz.

Zangenfund

„Einen Tag vorm TÜV-Termin hatte ich leider beim Lampenwechsel die Zange auf dem Reifen liegen lassen....“, schreibt Martin Gipperich zu seinem Bild per Nachricht.

Rausgezogen

Die Fotos von der Bergungsaktion des John Deere-Schleppers stammen aus Sambia. Sie wurden von David Reeve aufgenommen, der mit seinem Motorrad an der Rallye Paris-Dakar teilnahm.

„Ein Malheur beim Ausbaggern des Güllekellers“, schreibt Ralf Poppen zu seinem Bild per Nachricht. Dem Fahrer ist dabei nichts passiert.

Das sieht nach keiner entspannten Maisernte aus. Danke an Jan Toftelund Jensen für das Bild per Nachricht.

Unterirdisch

„Da war der Fendt wohl zu überladen!", schreibt Christian Daxenbichler aus Österreich via E-Mail zu seinem Foto. Das Foto vom John Deere-Schlepper mit Bergmann-Silotransporter hat uns Olaf Nordquist gemailt. Einmal war der Boden zu weich, das andere Mal der Graben im Weg.

Schaltprobleme

Diesen Traktor fährt keiner mehr so ohne Weiteres weg (okay: den Hebel könnte man natürlich um so einfacher klauen). „Der Ganghebel hat sich verabschiedet“, schreibt Lukas Kummer zu seinem Foto...

Schubprobleme

„Zu viel Power beim Schieben von Mais“, schreibt Christian Sachsenhauser zu seinem Foto von dem krummen Hydraulikzylinder. Dem ist nichts hinzuzufügen...

Weggerollt

„Der Schlepperfahrer ist immer noch fest davon überzeugt, die Handbremse ordentlich angezogen zu haben“, schreibt Sigrun Horn aus 09430 Drebach zu ihrem Foto.

Herumgerollt

Aus rund 6 m Höhe ist dieser erst wenige Monate alte Arion 650 Cmatic vom Silohaufen „gerollt". Johann Vogl aus 94544 Hofkirchen freut sich sehr, dass die Claas-Kabine trotz der Ballastierung so gut gehalten und den Fahrer vor Schlimmerem bewahrt hat.

Eingegraben

„Schier versenkt", schreibt Kevin Will zu seinem Bild per Nachricht. Dem ist nichts mehr hinzuzufügen.

Eingefahren

„Ich würd' mal sagen, abgesoffen!" Die Fotos erhielten wir von Lutz Deede.

Seitwärts

„Das war nicht so geplant mit dem Traubenvollernter“, schreibt Mathias Holzer zu diesem abgedrifteten Gespann.

„Eine Schlammschlacht vom Feinsten“, der Dank für das Foto geht an Michael Rebischke.

Vollbrand

Das Foto von dem voll in Flammen stehenden Mähdrescher schickte Christian Stabenow.

Dieses Foto hat Moritz Tyroller in der Nähe von Neuburg an der Donau geschossen: „Die Raupe bearbeitete tagsüber noch das Feld, bevor sie gegen 20 Uhr angefangen hat zu brennen. Der Fahrer ist aus der Kabine gesprungen, die Raupe dann nach 10 Metern am Strommast hängen geblieben."

Maiswühler

„Wühlen bis nichts mehr geht", unser Dank für das Foto geht an Patryk Świtoń.

Graswühler

Auf „Tauchstation“ wühlte sich dieser Walzschlepper im Gras-Silo, danke für das Foto an Rainer Arro.

Volle Drehung

Das hätte auch schlimmer ausgehen können: Nachdem die Gülle aus dem Unfallfass gepumpt, das Fass mit Front- und Teleskoplader wieder auf die Beine gestellt und einige Richt- und Schweißarbeiten erledigt waren, konnte weiter Gülle gefahren werden. (Der Einsender ist der Redaktion bekannt!)

Halbe Drehung

Das Bild vom umgestürzten Claas Lexion 600 schickte uns Torben Meiners via E-Mail. Anscheinend ist der Fahrer mit dem Lexion von der rechten Bahn abgekommen.

Falsch angekippt

Dieser Anhänger kippte in die falsche Richtung. Danke für das Foto an Phillipp Fischer.

Falsch abgekippt

Beim Abladen von Kalk hat der LKW ein „bisschen Übergewicht bekommen", schreibt Luisa Stoiber.

Randfestigkeit

Es war dann doch wohl noch feucht genug am Feldrand. Das Foto kommt von von Pavel Kubes.

Da sitzt aber einer mitten auf dem Feld ordentlich fest. Danke an Thomas Radada für das Foto.

Feuchte Windel

Man muss schon zweimal hinsehen: Nicht das Ölfass im Heck trägt die Botschaft dieses Bildes, sondern vielmehr das unter die Hinterachse geschnallte Paket. Wie bei anderen Windeln auch keine dauerhafte Lösung (weil es zwar die Ölverschmutzung unterbindet, aber nicht den Ölverbrauch). Für den Moment jedoch zeigt das Foto von Kevin Hasselbring eine hilfreiche Maßnahme.

Feuchte Wiese

„Der Kleine sitzt fest!“, schrieb uns Stephen Dornhöfer zu seinem Bild. Aus eigener Kraft ist da nichts mehr zu machen...

Voll verstaubt

Ein Case IH 155 CVX ist „heiß“ auf Mais. Danke für das Bild an Stevie Coughlan.

Voll verschätzt

Der Graben war doch tiefer als gedacht! Das Bild schickte uns Nils Pitzer.

Überschätzt

„Durch Selbstüberschätzung altgedienter Traktoristen“ hat sich der Überladewagen auf die Seite gelegt, schreibt Claus Werner vom Gut Bendeleben in 99706 Bendeleben zu seinem Foto. Glücklicherweise zeigte der wieder aufgerichtete Annaburger-Transporter keinerlei Schäden – selbst die Wiegeeinrichtung blieb unversehrt.

Der Graben war doch zu tief, wie die unfreiwillige Kipp-Position zeigt. Danke an Tobias Herre für das Foto.

Im Graben

Im Straßengraben gelandet ist dieser Deutz Fahr-Schlepper, danke für das Foto von Jan Bartsch.

Beim Mulchen der Böschung dem Graben extrem nahe gekommen, das Foto kommt von Fred Jörke.

Ein „selbständiges“ Güllefass bohrte sich hier ins Pflaster, das Foto schickte Filipe Barbosa.

Gülle einarbeiten einmal anders: Das Bild vom abgehängten und verbohrten Güllefass auf Tauchstation schickte uns Milan Meznaric.

Zinkenfund

Der verlorene Zinkenträger vom Kreiselzettwender ist dann auch wieder aufgetaucht, die Freude darüber hält sich allerdings in Grenzen. Der Dank für das Foto geht an Markus Zimmermann.

Splintfund

„Wir haben diesen Manitou-Reifen mit einem Klappsplint gesichert“, schreibt Fabian Hoting zu seinem Bild.

Gut aufgestellt

Das Foto von dem sauber aufgestellten Mähdrescher schickte uns Markus Heckel.

Gut abgerollt

„Der Untergrund hat nachgegeben", schreibt Franz Leitinger zu seinem Bild.

Schwaches Glied

Einmal mit Profis arbeiten... Ob und wie lange die ordnungsgemäß mit Schäkel befestigte Kette einen Zug ausgehalten hat, schreibt Thomas Rainer zu seinem Foto nicht.

Starke Stütze

Ein Stützrad mit Knick, das durch eine massive Stütze gestützt wird – unser Dank für das Bild geht an Kai Warmuth.

Links versenkt

Eingesunken ist dieses Gespann vor allem links... Danke für das Bild an Ricardo Drieselmann.

Vorn versenkt

So einen „Luxusausstieg“ hat nicht jeder, heißt es zu dem Foto von Širec Tadej.

Achsbruch

Das Bild von der Rad-Fehlstellung am Güllefass postete Philip Gschwender auf dem Facebook-Kanal von profi.

Reifenbruch

„Der Reifen hat es hinter sich“, hieß es zu dem Bild von Fred Jörke auf Facebook. Dem ist wohl so.

Vor dem Silo

Wenn das Maisfahren wieder einmal länger dauert: Unser Dank für das Foto geht an Dominik Flory.

Eine stabile Seitenlage gab es hier beim Abkippen auf dem Silo, das Foto schickte Daniel Ziege Bohm.

In den Graben

Bei der Maisernte 2015 landete dieser Transportwagen von der Bockhorst Agrar im Wasser.
Das Foto schickte Corinna Brandes.

Aus dem Graben

Dem Graben ein wenig zu nahe gekommen und dann gefangen: Unser Dank für das Bild geht an Alex Welsch.

Eingefahren

„Unseren Rasenroboter hat es fast in der Klärgrube versenkt. Es war jemand da, um die Werte der Anlage zu messen und ist dann auf eine Tasse Kaffee mit in die Küche gegangen. Als er wieder rauskam, hatte sich der Roboter todesmutig in die Grube gestürzt. Zum Glück ist er auf der Mauer des Drei-Kammer-Systems stehen geblieben“, schreibt Lüder Görtmüller aus 27318 Hilgermissen.

Eingeklemmt

„Dieser Almo-Ochse hat es beim Auslauf ein wenig übertrieben. Wir mussten ihn dann mit einer Motorsäge freischneiden. Er ist wieder wohlauf und genoss anschließend schon wieder den nächsten Auslauftag“, schreibt Markus Hafellner.

Ganz allein

„Auch Claas fährt autonom“, scherzt Alfred Schmid aus 89407 Kicklingen anlässlich seines Fotos. Ob die Orbis-Maisgebisse in einigen Jahren tatsächlich autonom durch den Bestand fahren und den Mais zum Häcksler auf dem Silo beamen, wissen wir nicht. Wir hoffen nur, dass sich der Häcksler hier nicht „autonom“ aus dem Staub gemacht hat.

Ein beeindruckendes Bild von Dieter Reimann, dass das beidseitige Beladen des Transportwagens durch gleich zwei Bunker zeigt. Das wird wohl schnell gehen...

Zu weit links

Für den besseren Abbiege-Vorgang wurde die Kreuzung großflächig geschottert, gereicht hat es dennoch nicht: Wegen eines Defektes schaffte der Hinterwagen die Kurve nicht, der 100 t schwere Windkraft-Transport landete im Graben.

Zu weit rechts

„Leichte" Lenkprobleme haben den Laverda-Mähdrescher in diese missliche Lage gebracht. Dank für das Foto an Yves Constantin.

Felgenbruch

„Beim Fahren von Erde ist eine Felge meines Belarus 82 gerissen", schreibt Kai Chen zu seinem Foto.

Massive Achsenprobleme sind bei diesem Schlepper zu beklagen und zu reparieren. Unser Dank für das Foto geht an Johannes Pfeiffer.

Heiss vor dem Mais

„Feurige“ Maisernte und das Ende des Feldhäckslers – das Foto kommt von Marco Fallier.

Heiss vor dem Mulcher

„Feuriges“ Mulchen wurde hier dem Traktor zum Verhängnis. Unser Dank für das Bild geht an Marcus Weber.

Hinten hoch

Hier wurde die Arbeit mit dem Teleskoplader wortwörtlich „auf die Spitze getrieben“. Das Foto kommt von Eddy Thomet.

Hinten runter

Eine kleine Unachtsamkeit bei Dunkelheit erklärt diese Roder-Position – danke an Raphael Hemm.

Werkzeug gefunden

Die verlorene Gabel wurde wiedergefunden... danke an Dominik Främke für das Foto.

Werkzeug verloren

Upps, da fehlt was –die fehlende Scharspitze fotografierte Mirco Schüssele.

Halt am Wald

In einer Kurve hat der Systra 750M seine Welger AP 430 verloren, „weil der Bolzen herausgefallen ist", schreibt Andreas Friedrich zu seinem Foto: Richtig befestigen und sichern ist eben doch wichtig.

„Leichte Schräglage" betitelt Eric Widhagen sein Foto – und in den Kommentaren sinniert die Facebook-Gemeinde über die Vorteile und begrenzten Fähigkeiten von Spanngurten...

Dreschfeuer

„Das Hinterteil war etwas überhitzt“, so lautete der vorsichtige Kommentar zu dem Foto von Michal Čerňan.

Zu derartigen Infernos kommt es scheinbar häufiger als in den vergangenen Jahren. Die Probleme für die betroffenen Landwirte und Lohnunternehmer sind nicht nur Einbußen und Ärger. Sondern immer weniger Versicherungen sind bereit, solche Maschinen zu versichern.

Öl verloren

„Bei der ersten Fuhre Mais erlitt unser Traktor einen Wellenbruch des Turbos, welcher zu einer neuen Farbe des MF führte.“ profi-Leser Patrick Stutz schickte uns die Fotos per E-Mail.

Fahrrad gefunden

„Die neue Maissorte ‚Drahtesel' zwingt sogar den Jaguar in die Knie!", schreibt Michael Meier zu seinem Bild. Es ist durchaus nicht immer lustig, was man bei der Ernte so alles im Maisfeld findet – aber dieser Fund ist zumindest selten.

Upps, da war ein Graben – unser Dank für das Foto geht an Johannes Pfeiffer.

Verbogen

„Leicht" verbogen präsentiert sich hier ein Zinkenarm des Kreiselschwaders. Das Foto schickte uns Jonathan Hirsch.

Abgeklappt

„Der Stein war wohl zu schwer", schreibt Christian Kössel zu seinem Bild.

Angekippt

Eine „leichte“
Fehlstellung beim Kipper
zeigt dieses Foto
von Max Hoffmann.

Abgehängt

Die „Fehlstellung“ des abgehängten Mähwerkes erhielten wir als Foto von Andreas Pfeffer.

Abgelaufen

Wenn sich ein Hinterrad selbständig macht:
Ein „Winterdienst-Trike“ mit Ölverlust,
unser Dank für das Foto geht an Florian Söder.

Knick in der Deichsel

Dungfahren mit „Knick“, danke an Jakub Spiewak für das Foto.

Knick im Mast

Die Kollision zwischen dem Grimme Maxtron und dem Mast einer 110-KV-Leitung: Fahrer und Beifahrerin des Roders sind mit dem Schrecken und fast fünf Stunden Wartezeit davongekommen. Der Schaden betrug 265 000 Euro.
Foto: Dillenberg

Gelenkwelle gewickelt

„Wo rohe Kräfte sinnlos walten“: Was immer auch hinter diesem Schadbild einer Gelenkwelle steckt, es muss Kraft gehabt haben!
Das Foto erhielten wir von Bruce Lett.